Eugen Herklotz

Alternative Kraftstoffe - Alternative Antriebe

GRIN Verlag

Bibliografische Information der Deutschen Nationalbibliothek:

Die Deutsche Bibliothek verzeichnet diese Publikation in der Deutschen National-
bibliografie; detaillierte bibliografische Daten sind im Internet über http://dnb.d-
nb.de/ abrufbar.

Impressum:

Copyright © 2008 GRIN Verlag GmbH
Druck und Bindung: Books on Demand GmbH, Norderstedt Germany
ISBN: 978-3-640-13024-5

Dieses Buch bei GRIN:

http://www.grin.com/de/e-book/112706/alternative-kraftstoffe-alternative-antriebe

Leuphana
Universität Lüneburg
Fakultät III – Bereich Automatisierungstechnik

Studiengang: Angewandte Automatisierungstechnik B.Eng.

Abgabetermin: 04.07.2008

Prozessdatenverarbeitung

Schriftliche Hausarbeit

THEMA

Alternative Kraftstoffe

INHALTSVERZEICHNIS

INHALTSVERZEICHNIS 2

1. EINLEITUNG 3

2. ERDÖL 4

2.1 Entstehung des Erdöls.. 4

2.2 Gewinnung des Erdöls 4

2.3 Nutzung des Erdöls 5

3. RAFFINERIETECHNIK UND-PROZESS 5

3.1 Destillation 5

   3.1.1 Vakuumdestillation 7

   3.1.2 Gastrennung.. 7

3.2 Konversionsverfahren.. 7

3.3 Nachbehandlung und Veredelung 8

3.4 Prozessüberwachung und-steuerung 8

3.5 Mess- und Regelungstechnik 10

3.6 R&I-Fließbild... 10

4. ALTERNATIVE KRAFTSTOFFE 11

4.1 Biodiesel.. 11

4.2 Bioethanol 12

4.3 Erdgas... 12

4.4 Flüssiggas 12

4.5 Wasserstoff 12

4.6 Hybridtechnik.. 13

5. Welche alternative Kraftstoffe haben Zukunft? 13

6. Fazit und Ausblick... 18

7.1 Fragebogen zum Thema „Alternative Kraftstoffe" 19

7.2 Auswertung der Umfrage...20

7.3 Abbildungsverzeichnis 21

7.4 Tabellenverzeichnis...21

7.5 Abkürzungsverzeichnis 21

1. EINLEITUNG

In der vorliegenden Hausarbeit werden schwerpunktmäßig verschiedene Aspekte der alternativen Kraftstoffe beschrieben. Zunächst wird ein Überblick über Grundlagen des Erdöls gegeben, wobei speziell auf Entstehung, Gewinnung und Nutzung von Erdöl eingegangen wird. Danach wird der Prozess einer klassischen Erdölraffinerie beschrieben. Der Fokus liegt dabei auf den Destillations- und Konversionsarten, jedoch wird ebenfalls auf die Nachbehandlung und Veredelung der Kraftstoffe eingegangen. Anschließend werden die technischen Möglichkeiten alternativer Kraftstoffe aufgezeigt und gegenübergestellt. In dem Diskussionsteil der Hausarbeit werden die Möglichkeiten alternativer Kraftstoffe aus der gesellschaftskritischen Sichtweise erörtert.

Mit zunehmender Anzahl der Menschen auf unserem Planeten, steigt auch die benötigte Energiemenge. Die Menschheit benötigt Energie, um das Leben und Überleben in der heutigen Zeit zu sichern. Mit weltweit fortschreitenden Industriealisierung wächst der Wunsch nach mehr Mobilität, der wiederum an den wachsenden Energiebedarf verknüpft ist. Besonders die Millionenpopulation Indiens und Chinas hat starkes Verlangen nach Mobilität. Der gesamte Verkehrssektor verbraucht heute fast die Hälfte des weltweit geförderten Erdöls. Weltweit nehmen die fossilen Energieträger den größten Anteil bei der Deckung des Energiebedarfes im Verkehrssektor ein. Das bedeutet, dass die weltweit zunehmende Anzahl der Kraftfahrzeuge unweigerlich zu einem weiteren Anstieg des Energiebedarfes führen wird. Die natürlichen Ressourcen werden die Deckung des ansteigenden Energiebedarfes nur begrenzt gewährleisten, da ihr Vorkommen endlich ist. Die Verbrennungsprodukte der natürlichen Ressourcen sind umweltschädlich, sodass in den meisten Fällen unschuldige Lebewesen mit ihrer Gesundheit für die fortschreitende Industrialisierung bezahlen müssen.[1]

Um der hohen Umweltbelastung durch Wirtschaft und Verkehr entgegen wirken zu können, müssen die fossilen Energieträger durch alternative Kraftstoffe ersetzt werden. Diese Maßnahme ist erforderlich, um auf lange Sicht ein gesundes und beschwerdefreies Leben auf der Erde zu ermöglichen.[2]

---

[1] Vgl. Sven Geitmann (2005), S. 16 ff
[2] Ebenda, S. 52 ff

2. ERDÖL

Erdöl ist ein natürlich vorkommendes Stoffgemisch, welches in der Erdkruste eingelagert ist. Dabei handelt es sich um eine Gemisch aus gasförmigen, flüssigen und festen Kohlenwasserstoffen verschiedenster Zusammensetzung. Die Zusammensetzung hängt jeweils von der Herkunft und dem Alter des Erdöls ab. Zu Zeit gehört Erdöl zum wichtigsten Rohstoff der modernen Industriegesellschaften.[3]

2.1 Entstehung des Erdöls

Nach dem Stand der heutigen Wissenschaft ist Erdöl im Laufe der Jahrmillionen durch den Umbau toter Meereslebewesen, vor allem Algen, entstanden. Nach ihrem Absterben sanken sie auf den Meeresgrund und bildeten einen Faulschlamm. Unter Sauerstoffabschluss wurde der Schlamm zersetzt und von weiteren Meeresablagerungen überdeckt. Durch das Absinken der Meeresablagerungen bzw. Sedimente wurden die ehemaligen Meereslebewesen hohem Druck und hoher Wärme ausgesetzt, sodass heraus das sogenannte Muttergestein entstand. Unter hohen Temperaturen folgte innerhalb des Erdölmuttergesteins die allmähliche Umwandlung in die zahlreichen Bestandteile des Erdöls.[4]

2.2 Gewinnung des Erdöls

Nach dem Entdecken einer möglichen Erdöllagerstätte erfolgt eine Probebohrung, bei der das Bohrgestänge mit Hilfe eines Bohrturmes in den Boden getrieben wird. Zum Abtragen von Boden und Zertrümmern von Gesteinsschichten befindet sich an der Spitze des Bohrgestänges ein Meißel. Während der gesamten Bohrungszeit wird mit Hilfe von Spülpumpen Wasser in das hohle Bohrgestänge gedrückt. Auf diese Weise entfernt die Wasserspülung das losgebohrte Gesteinsmaterial und schmiert den Meißel, sodass sich ein fester Belag an der Bohrlochwand bildet. Beim Erreichen der Lagerstätte gibt es zwei grundsätzliche Möglichkeiten der Förderung. Aufgrund des vorhandenen Erdgases kann der Druck in der Lagerstätte so hoch sein, dass das Erdöl in einer Fontäne aus dem Bohrloch schießt. Falls das Rohöl nicht selbständig fließt, muss es mit Pumpen gefördert werde.[5]

---

[3] Vgl. Günter Pusch (1994), S.1
[4] Ebenda, S. 3 ff
[5] Vgl. Klaus Peter Harms (1989), S. 65 ff

2.3 Nutzung des Erdöls

Das Erdöl ist bereits seit Jahrhunderten für sein breites Anwendungsspektrum bekannt. In der chemischen Industrie dient Erdöl als Basis zur Herstellung von Kunststoffen. In der Mineralölindustrie wird Erdöl als Rohstoff für die Gewinnung von Schmiermitteln, Heizölen und Treibstoffen eingesetzt. [6]

3. RAFFINERIETECHNIK UND-PROZESS

Das aus den Lagerstätten gewonnene Erdöl wird per Schiff oder Pipeline zur Erdölraffinerie geliefert und weiter verarbeitet. Zu den Erdölraffinerien zählen Fabriken der Mineralölindustrie, die sich von anderen Fabrikationsanlagen deutlich unterscheiden. Die Vielzahl von Türmen, zylindrischen Behältern und zahllosen Rohrleitungen charakterisieren das Bild einer Erdölraffinerie. Zahlreiche Tanklager, die sowohl Rohöle als auch Fertigprodukte beinhalten, nehmen den größten Teil des Raffineriegeländes ein. Die komplexen Verarbeitungs- und Transportanlagen weisen einen hohen Automatisierungsgrad einer Raffinerie auf.[7]

3.1 Destillation

Die grundlegende Verarbeitungsstufe in einer Erdölraffinerie ist die Destillation, bei der das Erdöl in verschiedene Fraktionen zerlegt wird. In der folgenden Abbildung werden die Prozesse in einer Destillationsanlage dargestellt.

---

[6] Vgl. Günter Pusch (1994), S.1
[7] Vgl. Mineralölwirtschaftsverband e.V. (2003), S. 8

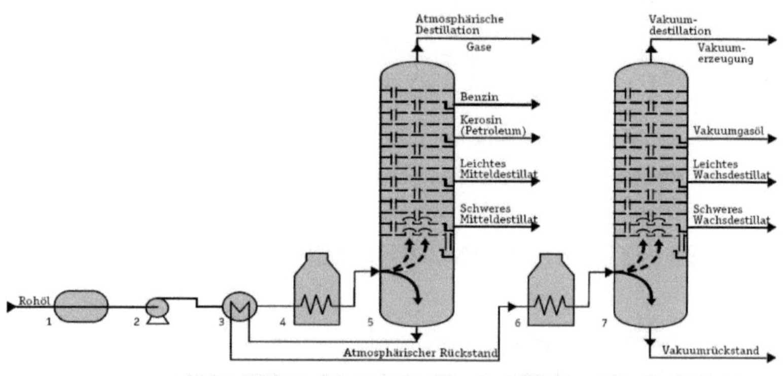

Abbildung 1: Destillationsanlage[8]

Als Erstes kommt das Rohöl in einen Entsalzer, wobei sein Salzgehalt reduziert wird. Anschließend wird das Öl mit Hilfe einer Rohölpumpe in den Wärmeaustauscher gepumpt und dort vorgewärmt. Das vorgewärmte Öl kommt dann in den Röhrenofen und wird auf Destillationstemperatur aufgeheizt.

Das auf 350 °C erhitztes Dampf-Flüssigkeits-Gemisch gelangt dann in den ersten Destillationsturm, in dem ein normaler atmosphärischer Druck vorherrscht. In dem 60 m hohem Destillationsturm bzw. Fraktionierkolonne erfolgt die Auftrennung des Dampf-Flüssigkeits-Gemisches in die einzelnen Produktgruppen, die durch ihre unterschiedlichen Siedebereiche gekennzeichnet sind. Der ungefähre Siedebereich des einzelnen Produktes kann aus der Tabelle 1 entnommen werden.

Produkt	Ungefährer Siedebereich in [°C]
Propan/Butan („Flüssiggas")	unter 0
Leichtbenzin	0-75
Schwerbenzin	75-150
Naphtha	150-175
Petroleum	175-225
Leicht- und Schwer-Gasöl	225-350

Tabelle 1: Siedebereiche von Grundprodukten[9]

Das obere 2/3 des Turmes besteht aus durchlässigen Böden bzw. Decks, die je nach ihrer Bauart als Glocke-, Ventil- oder Siebböden bezeichnet werden. Die heißen Dämpfe steigen in dem Turm auf und durchlaufen dabei die Öffnungen der

---

[8] Ebenda, S. 22
[9] Vgl. Klaus Peter Harms (1989), S. 163

Destillationsdecks. Auf ihrem Weg nach oben werden die Dämpfe gekühlt und kondensieren auf den Decks. Leichte Dämpfe, die oben aus der Kolonne austreten, werden durch Kühlung verflüssigt und in einem Rückflussbehälter gesammelt. Anschließend werden sie der weiteren Verarbeitung, nämlich der Gastrennung, unterzogen. Die nicht verdampfte Fraktion fließt als atmosphärischer Rückstand in den „Sumpf" [10] der Kolonne. Von dort aus wird sie mittels Pumpen abgezogen und entweder zum Wärmetauscher zurückgeführt oder direkt in eine nachgeschaltete Vakuumdestillationsanlage gefördert.[11]

3.1.1 Vakuumdestillation

In der Vakuumdestillationsanlage wird der atmosphärische Rückstand aus der Rohöldestillation ein weiteres Mal destilliert. Unter einem Vakuum von 40 bis 70 Millibar werden aus den Rückständen, Schwergasöle, leichte und schwere Vakuumdestillate gewonnen(siehe Abbildung 1). Die gewonnenen Fraktionen werden entweder zu Schmierölen verarbeitet oder dienen als Einsatzmaterial für die Konversionsanlagen. Der Vakuumrückstand dient als Heizöl- oder Bitumen-komponente.[12]

3.1.2 Gastrennung

In einer Flüssiggas-Trennanlage werden Gase, die sich im Turmkopf der Rohöldestillation angesammelt haben, voneinander getrennt. Die Trennung erfolgt in zwei hintereinander geschalteten Destillationskolonnen. Aus dem Kopfteil der ersten Kolonne werden die leichten Gase, hauptsächlich Methan und Ethan, abgezogen. In der zweiten Kolonne wird das Bodenprodukt aus der ersten Kolonne weiter verarbeitet. Als Kopfprodukt fällt Propan und als Bodenprodukt Butan an. Der gesamte Prozess in der zweiten Kolonne läuft unter einem Druck von 5 bis 15 bar ab, damit die beiden Flüssiggase flüssig abgezogen werden können.[13]

3.2 Konversionsverfahren

Die zunehmende Nachfrage nach Benzinen und Mitteldestillaten hat dazu geführt, dass die Mineralölindustrie verstärkt Konversationsverfahren einsetzen muss, um die Umwandlung schwerer Destillate in leichte Produkte(Benzine) zu ermöglichen. Dabei

---

[10] Unterster Boden des Destillationsturmes
[11] Vgl. Klaus Peter Harms (1989), S. 163 ff
[12] Vgl. Klaus Peter Harms (1989), S. 169
[13] Vgl. Mineralölwirtschaftsverband e.V. (2003), S. 23f

werden drei Verfahrensarten unterschieden: Thermisches Cracken, katalytisches Cracken und Hydrocracken. Bei allen diesen Verfahren werden die langkettigen Anteile des Rohöls zu kurzen Kohlenwasserstoffketten gespalten. Thermisches Cracken hat in der heutigen Mineralölindustrie aus Kosten- und Qualitätsgründen fast keine Bedeutung mehr. Beim katalytischen Cracken ist das Umwandlungsergebnis wesentlich höher als beim thermischen Cracken. Hydrocracken ist von den Investitionen wie von den Betriebskosten her das aufwendigste Konversions- verfahren und somit technisch eleganteste und flexibelste Lösung. [14]

3.3 Nachbehandlung und Veredelung

Die Benzine, die durch Destillation und Konversionsverfahren gewonnen werden eignen sich nicht als Kraftstoffe für die Verbrennung in den Ottomotoren. Um die Eignung für den Ottomotor zu gewährleisten müssen sie in weiteren Prozessanlagen nachbehandelt bzw. veredelt werden. Als Erstes muss der hohe Schwefelgehalt der Benzine gesenkt werden. Dieser Vorgang geschieht im Hydrofiner, einer der wichtigsten Raffinationsanlagen. Ein weiteres wichtiges Verarbeitungsverfahren ist das Reformieren. In einem Reformer werden lange Kohlenstoffketten mit Anlagerung von Wasserstoff in kleinere Moleküle gespalten. Bei diesem Prozess entstehen hochwertige Motorbenzine, die sich durch eine hohe Oktanzahl[15] auszeichnen.[16]

3.4 Prozessüberwachung und- steuerung

Die Einschaltung der elektronischen Datenverarbeitung zur Steuerung und Überwachung von komplexen Prozessabläufen in einer Erdölraffinerie ist unerlässlich. Aus technischen und wirtschaftlichen Gründen muss eine Raffinerie, ähnlich wie eine Hochofenanlage, das ganze Jahr über rund um die Uhr in Betrieb gehalten werden. Hochempfindliche Instrumente werden eingesetzt, um sämtliche Vorgänge von der Anlieferung des Rohöls bis zur Auslieferung der Fertigprodukte automatisch zu kontrollieren. Das Bedienerpersonal, das im Schichtbetrieb rund um die Uhr anwesend ist, muss mit der Funktion der Instrumente vertraut sein, um bei Prozessstörungen sofort eingreifen zu können. Die modernen Verarbeitungsanlagen verfügen über Anzeige- und Kontrollgeräte, die dem Bediener ermöglichen die Prozessdaten auszuwerten und auf Signale der Alarmeinrichtungen schnell und

---

[14] Vgl. Klaus Peter Harms (1989), S. 177
[15] Die Oktanzahl ist ein Maß für die Fähigkeit eines Kraftstoffs, im Verbrennungsmotor geregelt, d.h. ohne Eigenzündung und Klopfen, zu verbrennen.
[16] Vgl. Klaus Peter Harms (1989), S. 172 ff

richtig zu reagieren. In der folgenden Abbildung wird eine Automatisierung der Prozesssteuerung beispielhaft dargestellt.

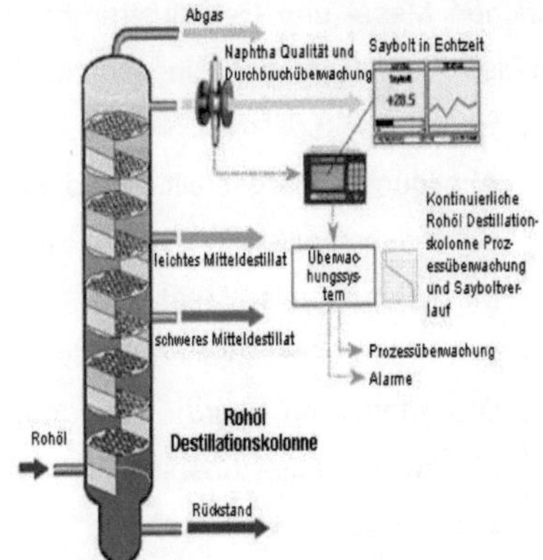

Abbildung 2: Automatisierter Prozess[17]

Die wichtigsten Prozessdaten werden auf einem Rechnerleitsystem in dem zentralen Kontrollraum der Raffinerie laufend gesammelt und in einem Observerbild dargestellt. Die Abbildung 3 zeigt beispielhaft ein solches Observerbild.

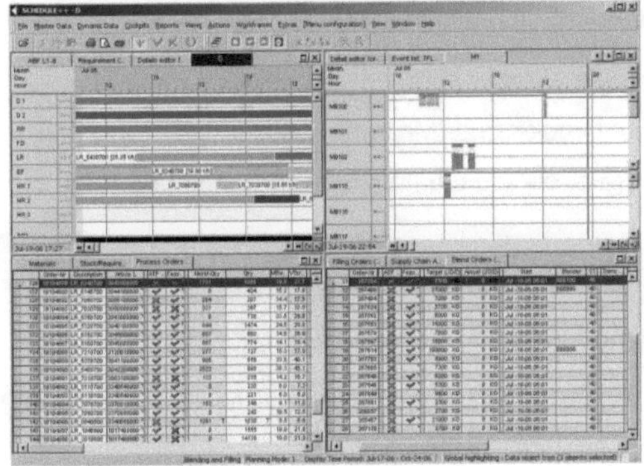

Abbildung 3: Mischung von Schmierstoffen[18]

---

[17] Optek (2008)
[18] OR Soft – Industrielösungen Öl und Petrochemie (2008)

3.5 Mess- und Regelungstechnik

Die modernen Erdölraffinerien sind mit zahlreichen Mess- und Regelinstrumenten ausgestattet. Diese werden zur Überwachung der Prozessanlagen eingesetzt. Ein typischer Regelkreis wird in der Abbildung 4 dargestellt. Bei dieser Durchflussregelung dient eine Messblende als Messgerät. Die von der Messblende erfasste Druckänderung wird von dem Messwertwandler übersetzt und an den Regler weitergeleitet. Der Regler vergleicht den Ist- und Sollwert des Durchflusses miteinander und schickt bei einer Wertabweichung ein Korrektur -signal an das Regelventil.

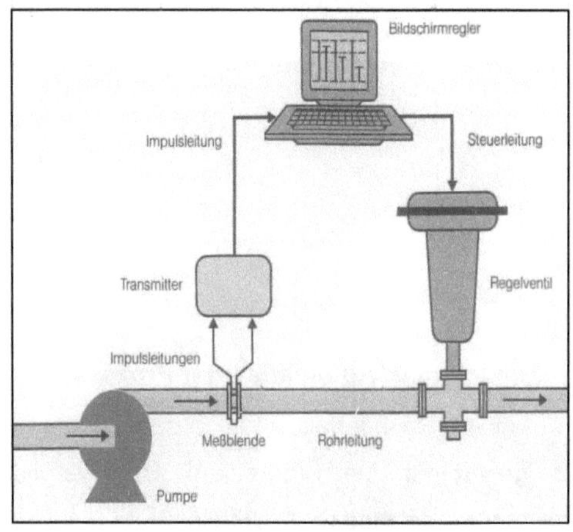

Abbildung 4: Durchflussregelung[19]

Durch das Öffnen oder Schließen des Ventils wird der Durchfluss nachgeregelt. Neben den einfachen Temperatur-, Druck- und Mengenmessgeräten verfügt die Raffinerie über zahlreiche Analysegeräte, die die Qualität der Produkte überprüfen.[20]

3.6 R&I-Fließbild

Beim Inlinebending werden Fertigprodukte durch Mischen der einzelnen Komponenten in einer Rohrleitung hergestellt.

---

[19] Klaus Peter Harms (1989), S. 217 ff
[20] Vgl. Klaus Peter Harms (1989), S. 208 ff

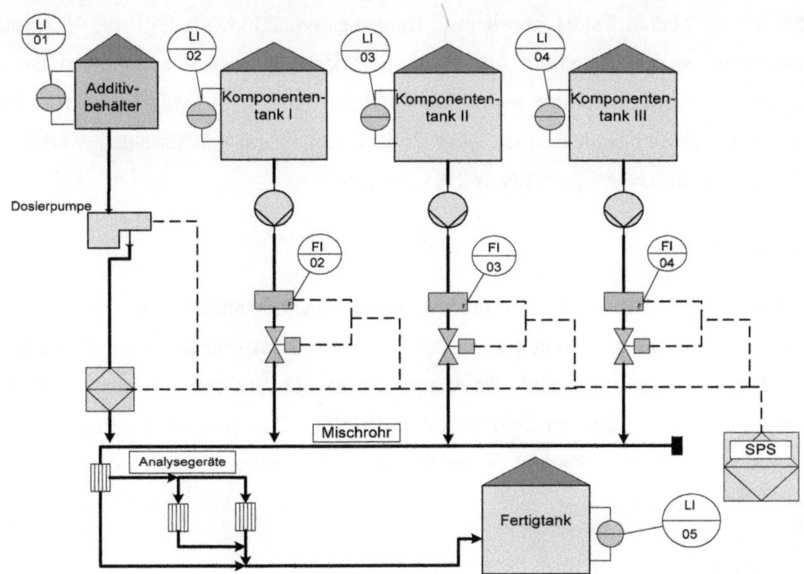

Abbildung 5: R&I-Fließbild vom Inlinebending-Prozess

4. ALTERNATIVE KRAFTSTOFFE

Die weltweit steigende Nachfrage nach Energie treibt den Ölpreis in die Höhe. Die Menschheit muss sich damit abfinden, dass die Zeit des billigen Erdöls dem Ende entgegengeht. Diese Entwicklung hat besonders auf den Straßenverkehr schwerwiegende Auswirkung, da dieser zu 98 Prozent vom Erdöl als Treibstoffbasis abhängig ist. Die Autofahrer müssen immer tiefer in die Tasche greifen, um ihre Mobilität gewährleisten zu können. Mit steigenden Ölpreisen ist die Suche nach alternativen Kraftstoffen direkt in den Fokus des öffentlichen Interesses gerückt. Bereits heute gibt es Alternativen, die den Autofahrer von schwankenden Ölpreisen unabhängiger machen und Umwelt schonen.[21] In den folgenden Kapiteln werden alternative Kraftstoffe näher erläutert.

4.1 Biodiesel

Biodiesel ist ein alternativer Kraftstoff, der aus pflanzlichen Fetten gewonnen wird. In erster Linie wird Biodiesel aus Raps unter Zugabe von Methanol gewonnen und als

---

[21] Vgl. Thomas Puls (2006), S. 7

RME (Raps Methyl Ester) bezeichnet. Dank seinem Zündverhalten und Viskosität kann Biodiesel bis zu einem Anteil von 5 Prozent, dem konventionellem Diesel beigemischt werden. Dieser alternative Kraftstoff ist fast schwefelfrei und enthält keine Aromate und kein Benzol[22]. Die Zusammensetzung von Biodiesel wird nach der europäischen Norm (DIN EN 14214) geregelt.[23]

4.2 Bioethanol

Beim Bioethanol handelt es sich um einen alternativen Kraftstoff, der ausschließlich aus nachwachsenden Rohstoffen wie z.B. Getreide, Zuckerrüben, Mais, Zuckerrohr, Kartoffeln etc. produziert wird. Bioethanol eignet sich bestens als reiner Kraftstoff oder als Zusatz von Benzin- und Diesel-Kraftstoffen. Sein besonderer Vorteil ist die hohe Oktanzahl.[24] Im Kapitel 5 werden weiteren Eigenschaften von Bioethanol ausführlich beschrieben.

4.3 Erdgas

Erdgas ist ein alternativer Kraftstoff, der zu 85 bis 95 Prozent aus Methan (CH_4) besteht. Die Umstellung von Fahrzeugen mit Ottomotoren von Benzin- auf Erdgasbetrieb ist unproblematische, da bei der Verbrennung Benzin und Erdgas ähnlichen Heizwert und Luftbedarf haben.[25]

4.4 Flüssiggas

Flüssiggas (LPG=Liquefied Petroleum Gas) besteht aus leicht verflüssigbaren Kohlenwasserstoffverbindungen. LPG eignet sich hervorragend für den Gebrauch in Fahrzeug-Verbrennungsmotoren. In den Autotanks wird LPG überwiegend in flüssiger Form gespeichert. Weiter Eigenschaften des LPGs werden im Kapitel 5 erörtert.[26]

4.5 Wasserstoff

Wasserstoff (H_2) stellt für die Antriebe der Zukunft das ideale Szenario dar, weil er auf der Erde in nahezu unbegrenzten Mengen vorhanden ist.[27] Die

---

[22] eine stark giftige, farblose, brennbare Flüssigkeit, in Wasser wenig löslich
[23] Ebenda, S. 48 ff
[24] Ebenda, S. 54 ff
[25] Vgl. Cornel Stan (2005), S. 169 ff
[26] Vgl. Sven Geitmann (2005), S. 70 ff
[27] Vgl. Cornel Stan (2005), S. 199 ff

Nutzungsmöglichkeiten des Wasserstoffes in Automobilen werden im Kapitel 5 näher erläutert.

4.6 Hybridtechnik

Bei der Hybridtechnik handelt es sich um die Kombination zweier verschiedener Antriebsystemen. Die Kombination aus konventionellem Verbrennungsmotor als Hauptenergiequelle und elektrischer Maschine ist der am weitesten verbreitete Hybridantrieb. Die elektrische Energie wird dabei in einer Batterie oder Brennstoffzelle gespeichert. [28]

5. Welche alternative Kraftstoffe haben Zukunft?

In Europa sind die konventionellen Kraftstoffe die bedeutendsten Energieträger im Verkehrsbereich. Parallel zu ihrer Verbesserung und Weiterentwicklung treten immer stärker alternative Kraftstoffe in den Blickpunkt der Öffentlichkeit. Gründe für die Suche nach Alternativen sind vor allem Rohstoffknappheit, Umweltbelastung und steigende Spritpreise. In diesem Zusammenhang werden häufig Alternativen, wie Erdgas, Autogas, Biosprit und Wasserstoff, diskutiert. Auch diese Kraftstoffe müssen einer sorgfältigen Prüfung bezüglich ihrer Umweltverträglichkeit, Wirtschaftlichkeit und Praxistauglichkeit unterzogen werden.

Da Biodiesel aus pflanzlichen Ölen, in erster Linie aus Raps(Raps Methyl Ester) gewonnen wird, schein es eine umweltfreundliche Alternative zu fossilen Kraftstoffen zu sein. Dennoch ist diese Alternative aus ökologischer Sicht kritisch zu betrachten. In den Forschungsberichten des Instituts der deutschen Wirtschaft in Köln beschreibt Thomas Puls folgendes:

> „ Bezüglich der Treibhausemissionen wird in der Literatur richtungssicher ein Emissionsvorteil gegenüber fossilem Diesel ausgewiesen. In der WTW-Analyse fällt dieser Emissionsvorteil mit einer Bandbreite von 0,5 bis 3 Tonnen CO_{2eq} pro Hektar eingesetzte Anbaufläche und Jahr allerdings bescheiden aus, obwohl es sich um einen annähernd geschlossenen Kohlenstoffkreislauf handelt."[29]

---

[28] Vgl. Mineralölforum (2000), S. 12 f
[29] Vgl. Thomas Puls (2006), S. 50

Diese These belegt Herr Puls folgend:

> *„Der relativ geringe Wert hängt vor allem mit dem Herstellungsprozess zusammen. So ist beispielweise zu betrachten, dass das zu Produktion von RME notwendige Methanol heutzutage zu 90 Prozent aus fossilem Erdgas hergestellt wird."*[30]

Wie der Aussage entnommen werden kann, ist Herr Puls vom Biodiesel nicht zu hundert Prozent überzeugt. Herr Geitmann ist in dieser Hinsicht etwas optimistischer und schreibt in seinem Buch „Alternative Energien& Alternative Kraftstoffe" folgendes:

> *„Die Ökologische Bilanz von Biodiesel unter Einbeziehung des kompletten Lebensweges vom Anbau bis zur Nutzung ist unter Berücksichtigung der aktuellen technischen Entwicklung durchaus positiv. Obwohl für den Anbau […] auch fossile Energie verbraucht wird, fällt die Energie- und Klimabilanz für Biodiesel zugunsten dieses Kraftstoffes aus"*[31]

Obwohl Sven Geitmann aus ökologischer Sicht Biodiesel akzeptiert, sieht er den kritischen Punkt beim Biodiesel in dem Kfz-Betrieb. Die Begründung schildert er folgend:

> *„Da Biodiesel wie ein Lösungsmittel wirkt, können Dieselkraftstoff-Rückstände im Tank und in der Leitung abgelöst werden und zu Filterverstopfung führen. […]"*[32]

Ein weiterer Vertreter von Biokraftstoffen ist Bioethanol. In seiner Kategorie ist er weltweit die Nummer eins. In Europa wird Bioethanol bis zu einem Anteil von 5 Prozent, dem konventionellem Benzin beigemischt. Bis 2009 soll in Deutschland der Ethanol-Anteil auf 10 Prozent erhöht werden. Im Grunde genommen beabsichtigt die Bundesregierung die Reduzierung des bei der Verbrennung fossiler Kraftstoffe entstehenden CO_2 durch den verstärkten Einsatz nachwachsender Rohstoffe. Beim Wachstum nehmen die für die Ethanolherstellung benötigten Pflanzen so viel CO_2 auf, wie bei der späteren Motorverbrennung wieder abgegeben wird. Dennoch ist der

---

[30] Ebenda
[31] Vgl. Sven Geitmann (2005), S. 63 f
[32] Vgl. Sven Geitmann (2005), S. 65

CO_2-Kreislauf nicht vollständig geschlossen, da der Anbau und insbesondere der Herstellungsprozess jedoch meist fossile Energien verbraucht.[33]

Nach Meinung der Experten ist die geplante Zwangsbeimischung von zehn Prozent Ethanol zum Benzin ökologisch wenig sinnvoll ist. In einem Interview hat Prof. Dr.-Ing. Martin Faulstich, Mitglied des Sachverständigenrats für Umweltfragen (SRU) der Bundesregierung und Inhaber des Lehrstuhls für Rohstoff- und Energietechnologie der Technische Universität München, folgendes geäußert.

> *„Die Biokraftstoff-Ziele sind aus Sicht des Sachverständigenrats völlig überzogen. Die geplanten Biokraftstoff-Quoten bringen wenig Klimaschutz bei hohen Kosten. Die Nutzung der nachwachsenden Rohstoffe im Wärmebereich, bei der gekoppelten Strom- und Wärmeproduktion, aber auch als Biogas im Erdgasnetz und Erdgasauto ist rund dreimal effizienter. Gerade weil Biomasse knapp ist, muss sie besonders effizient und Klima schonend eingesetzt werden."[34]*

Die gleiche Meinung vertritt auch der Greenpeace-Experte Alexander Hissting. In einem SPIEGEL-ONLINE-Interview hat er folgendes zum pflanzlichen Kraftstoff geäußert.

> *„Der gesamte Biosprit ist eine einzige Klimalüge. Letztlich schadet die Beimischung dem Klima, anstatt ihm zu nützen. [..] der Rapsanbau durch die extrem hohe Stickstoffdüngung und die damit verbundenen Lachgas-Emissionen dem Klima schadet. Das ist eine Problematik, die noch nicht so intensiv erforscht wurde wie die Rodung von Urwäldern und die damit einhergehende CO_2-Freisetzung."[35]*

Ein weiteres Problem beim Ethanol ist seine Verträglichkeit mit Ottomotoren. Der ADAC geht davon aus, dass allein in Deutschland 3,12 Millionen Fahrzeuge den erhöhten Ethanolanteil im Benzin nicht vertragen würden. Die Einführung der E10-Norm würde somit aus Sicht der Autofahrer eine Katastrophe auslösen.[36] Dennoch gibt es zahlreiche Befürworter für E10. Der Präsident des Verbandes der Internationalen Kraftfahrzeughersteller (VDIK), Volker Lange ist fest davon überzeugt, dass nur ein geringer Fahrzeuganteil mit dem E10 nicht kompatibel ist.

---

[33] Vgl. ADAC (2008), S. 47 f
[34] Ebenda, S. 50
[35] Spiegel-Online (2008)
[36] ADAC (2008), S. 47 f

„Aktuelle Neufahrzeuge können ohne Bedenken mit zehn Prozent Ethanol betrieben werden. Wir haben jedoch sehr frühzeitig darauf hingewiesen, dass die erhöhte Beimischung von Ethanol bei älteren Fahrzeugen Schwierigkeiten bereiten kann. Die internationalen Hersteller sind sich ihrer Verantwortung gegenüber ihren Kunden bewusst. Alle internationalen Marken ermitteln derzeit, welche Modelle mit E10 betrieben werden können."[37]

Der Umweltminister Sigmar Gabriel, der dieses Umweltschutzprojekt ans Tageslicht brachte, war in der anfänglichen Phase fest davon überzeugt, dass das ein Erfolg wird. Auf Grund der Tatsache, dass Millionen Autos den neuen Öko-Mix nicht vertragen, wurde das E10-Projekt gestoppt.[38]

Der Einsatz des Erdgases im Kfz-Bereich gewinnt immer höhere Bedeutung. Sven Geitmann erklärt die Gründe für diese Entwicklung folgen.

„Die Pluspunkte von Erdgasfahrzeugen gegenüber den Benzin- und Diesel-Varianten sind die deutlich geringeren Kraftstoffkosten und der reduzierte Schadstoffausstoß. Zudem ist Erdgas als Treibstoff bis mindesten 2009 steuerbefreit [...]"[39]

Die Probleme des Erdgasantriebes liegen hauptsächlich in der Speicherung. Die heutige Standardtechnologie im Erdgasauto ist die Druckspeicherung (CNG=Compressed Natural Gas), bei der das Erdgas unter einem Druck von etwa 250 Bar in den Tanks gespeichert wird. Die Drucktanks wiegen in der Regel bis zu 100 Kilogramm mehr als Benzintanks. Die daraus resultierenden Probleme interpretiert Thomas Puls folgen:

„Eine Erhöhung des Fahrzeuggewichts führt aber auch automatisch zu einem höheren Verbrauch. Außerdem verbraucht die Herstellung eines solchen Drucktanks recht viel Energie[...]"[40]

Dennoch im Vergleich zu Benzinmotoren laufen die Erdgasmotoren viel leiser, da der Druckanstieg in der Brennkammer nicht so stark ist.[41]

---

[37] Ebenda, S. 48
[38] Spiegel (2008), S. 30
[39] Sven Geitmann (2005), S. 80
[40] Thomas Puls (2006), S. 35
[41] Vgl. Cornel Stan (2005), S. 169 ff

Eine weitere Alternative beim Gasantrieb heißt LPG. Ähnlich wie beim Erdgas können mittlerweile fast alle Fahrzeuge mit Ottomotor auch nachträglich auf den zusätzlichen Betrieb mit Autogas umgerüstet werden. Die Vorteile vom LPG gegenüber Erdgas beschreibt der Deutscher Verband Flüssiggas e.V. folgend.

„Während Erdgas meist erst nach Kauf eines entsprechend ausgestatteten Neuwagens genutzt wird, können die ökologischen Potenziale von Autogas durch die problemlose Ausrüstmöglichkeit schon im Fahrzeugbestand zum Tragen kommen"[42]

Bereits 2004 waren in Deutschland 15.000 autogasbetriebene Fahrzeuge unterwegs.[43] Der Deutscher Verband Flüssiggas e.V. geht davon aus, dass im Jahr 2015 mehr als eine Million Autogas-Fahrzeuge auf deutschen Straßen unterwegs sein werden. Somit ist LPG sowohl beim weltweiten Vergleich, als auch in Deutschland Marktführer bei den alternativen Kraftstoffen.[44]

Bei der Suche nach alternativen Kraftstoffen steht Wasserstoff schon seit Jahren im Zentrum des Interesses. Bei dem Wasserstoff handelt es sich um einen Sekundärenergieträger, da er in erster Linie in verschiedenen Verfahren aus fossilen Brennstoffen hergestellt wird. Der gewonnene Wasserstoff kann im herkömmlichen Verbrennungsmotor oder Brennstoffzellen[45] in eingesetzt werden. In der Natur kommt Wasserstoff in reiner Form fast nicht vor. Somit liegen seine Nachteile in der Herstellung und Speicherung.[46] Thomas Puls interpretiert diese Problematik folgen:

„Demnach steht die tatsächlichen Treibhausemmissionen des Wasserstoffs eigentlich in keinem vertretbaren Verhältnis mehr zu den Emissionen von konventionellen Kraftstoffen. [...] Die Herstellung von Wasserstoff aus nicht-generativer Energie wäre somit aus ökologischer Sicht alles andere als vorteilhaft[...]"[47]

Auch Dr. Rüdiger Paschotta sieht den Wasserstoff eher als konkurrenzunwürdig.

---

[42] Deutscher Verband Flüssiggas e.V. (2008)
[43] Vgl. Sven Geitmann (2005), S. 76
[44] Vgl. Deutscher Verband Flüssiggas e.V. (2008)
[45] Brennstoffzelle ist ein galvanisches Element, in dem durch elektrochemische Oxidation einer leicht zu oxidierenden Substanz mit Sauerstoff elektrische Energie erzeugt wird.
[46] Vgl. Thomas Puls (2006), S. 70 ff
[47] Thomas Puls (2006), S. 74

„Es ist nicht auszuschließen, dass Wasserstoff irgendwann einmal viele Autos auf nachhaltige Weise antreiben wird. Jedoch ist dies sehr unsicher und deswegen kein Ersatz für das Streben nach Energieeffizienz und einer nachhaltigen Mobilität. [...]"[48]

Im Rahmen der vorliegenden Hausarbeit wurden hundert Personen zum Thema „alternative Kraftstoffe" befragt. Jeder der Befragten musste zwei Fragen beantworten(siehe Anlagen). Bei der Auswertung der Antworten sind interessante Ergebnisse rausgekommen(siehe Anhang). So wurde z.B. Wasserstoff von 34 Prozent der Befragten als beste Alternative ausgewählt. Die zweitbeste Alternative ist Hybridantrieb. Des Weiteren zeigt die Auswertung, dass die Mehrheit der Befragten einen großen Wert auf Einsatz alternativer Kraftstoffe und Antriebe legt. Die rechtlichen Maßnahmen zum Schutz der Umwelt, wie z.B. Tempolimit und Verschärfung der EU-Abgasnorm, wurden dabei als zweitrangig eingestuft. Abschließend ist zu erwähnen, dass die bereits existierenden Alternativen nur ein kleines Potenzial haben, fossilen Energieträger nachhaltig abzulösen.

6. Fazit und Ausblick

Aufgrund der immer weiter steigenden Umweltbelastung und der Knappheit fossiler Rohstoffe wird die Notwendigkeit alternativer Kraftstoffe deutlich. Zu den bedeutendsten Alternativen zählen bereits heute Erdgas, Autogas und Biodiesel. Erdgas und Autogas sind zwar fossile Energieträger zeigen aber im direkten Vergleich zu Benzin und Diesel jedoch deutliche Umweltvorteile. Der Anteil von Biodiesel wird voraussichtlich stetig weiter ansteigen, da die Beimischung in konventionellen Diesel bereits heute realisiert wird und in Zukunft mehr an Bedeutung gewinnt. Des Weiteren hat der Biodiesel seine Attraktivität den steuerlichen Begünstigungen zu verdanken. Der komplette Ersatz der konventionellen Kraftstoffe durch Wasserstoff scheint ein langfristiges Projekt zu sein. Erst die Erfindung kostengünstiger und nachhaltiger Verfahren zur Herstellung von Wasserstoff würden die Antriebsquelle Wasserstoff auf den Vormarsch bringen. Abschließend ist zu sagen, dass nach realistischen Einschätzungen fossile Kraftstoffe in absehbarer Zukunft die dominierenden Energieträger im Straßenverkehr sein werden.

---

[48] Rüdiger Paschotta (2007)

7. ANLAGEN

7.1 Fragebogen zum Thema „Alternative Kraftstoffe"

Umfrage zum Thema „alternative Kraftstoffe" im Rahmen einer Hausarbeit

1. Welche Maßnahme halten Sie zum Schutz der Umwelt am sinnvollsten?
(bitte nur eine Antwort ankreuzen!)

☐ Verschärfung der EU-Abgasnorm   ☐ Tempolimit

☐ Rußpartikelfilter   ☐ Alternative Kraftstoffe (z.B. Autogas)

☐ Alternative Antriebe (z.B. Hybrid)

2. Welchem Kraftstoff gehört die Zukunft?   *(mehrere Ankreuzantworten möglich!)*

☐ Erdgas   ☐ Autogas (LPG)   ☐ Biosprit (Biodiesel, Bioethanol)

☐ Wasserstoff   ☐ Kraftstoff-Mix (E10;E85)

☐ Hybridtechnologie

7.2 Auswertung der Umfrage

Frage 1:

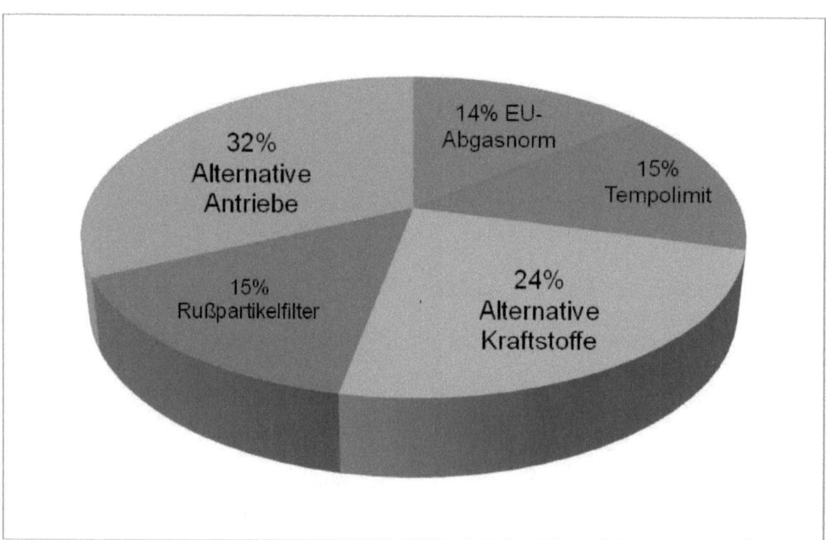

Frage 2:

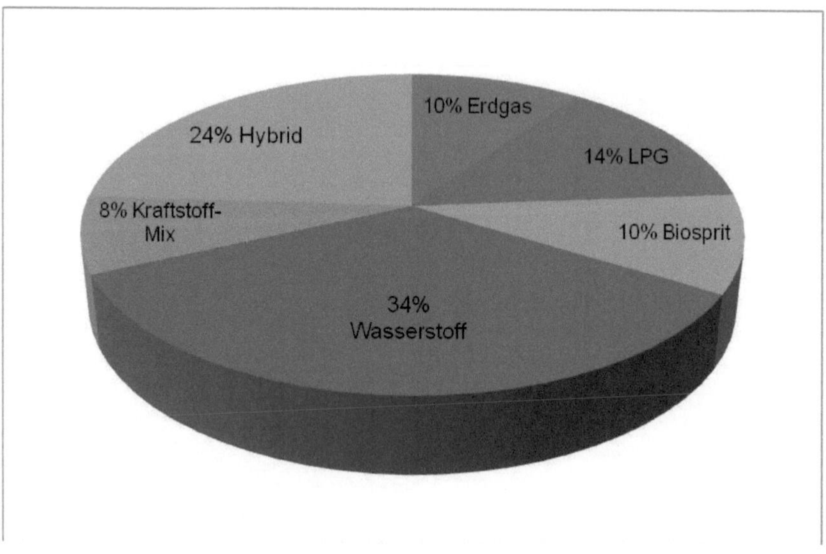

7.3 Abbildungsverzeichnis

Abbildung 1: Destillationsanlage...6

Abbildung 2: Automatisierter Prozess...9

Abbildung 3: Mischung von Schmierstoffen 9

Abbildung 4: Durchflussregelung...10

Abbildung 5: R&I-Fließbild vom Inlinebending-Prozess.............................11

7.4 Tabellenverzeichnis

Tabelle 1: Siedebereiche von Grundprodukten 6

7.5 Abkürzungsverzeichnis

ADAC	Allgemeiner Deutscher Automobil-Club
CH_4	Methan
CNG	Compressed Natural Gas
CO_{2eq}	Kohlendioxidäquivalente
DIN	Deutsches Institut für Normung
EN	europäische Norm
etc.	et cetera
H_2	Wasserstoff
Kfz	Kraftfahrzeug
LPG	Liquefied Petroleum Gas
R&I-Fließbild	Rohrleitungs- und Instrumentenfließbild
RME	Raps Methyl Ester
SRU	Sachverständigenrat für Umweltfragen
VDIK	Verbandes der Internationalen Kraftfahrzeughersteller
z.B.	zum Beispiel

7.6 Literaturverzeichnis

Literaturquellen:

ADAC (2008): Wolfgang, Rudschies/ Mario, Vigl/Volker, Lange: Im Biosprit-Rausch. In: ADACmotorwelt, Heft4/ April 2008, S. 47-50.

Cornel Stan (2005): Cornel, Stan: Alternative Antriebe für Automobile. Hybridsysteme, Brennstoffzellen, alternative Energieträger. Berlin Heidelberg 2005.

Günter Pusch (1994): Günter, Pusch; Heinrich, Rischmüller; Klaus, Weggen: Die Energierohstoffe Erdöl und Erdgas. Vorkommen-Erschließung-Förderung. Hrsg. Hubert Wiggering. Berlin: Ernst 1994.

Klaus Peter Harms (1989): Klaus Peter, Harms (Hrsg.): Das Buch vom Erdöl. Lengerich/Westfalen 1989.

Spiegel (2008): Christian, Schwägerl: Ein guter Tag fürs Klima. In: Der Spiegel, Heft 15/2008, S. 30.

Sven Geitmann (2005): Sven, Geitmann: Erneuerbaren Energien & Alternative Kraftstoffe. Mit neuer Energie in die Zukunft . 4. Aufl. Kremmen 2005.

Thomas Puls (2006): Thomas, Puls: Alternative Antriebe und Kraftstoffe. Was bewegt das Auto von Morgen? Köln 2006.

Internetquellen:

Deutscher Verband Flüssiggas e.V. (2008): Deutscher Verband Flüssiggas e.V.(Hrsg.): Marktführer bei den Alternativ-Kraftstoffen, in: http://www.dvfg.de/de/infothek/pressetexte/dvfg---pressemitteilungen/marktfuehrer-bei-den-alternativ-kraftstoffen.html(27.05.2008/21:01)

Mineralölwirtschaftsverband e.V. (2003): Mineralölwirtschaftsverband e.V. (Hrsg.): Mineralöl und Raffinerien. in: http://www.mwv.de/cms/upload/pdf/broschueren/140_Oel_Raff.pdf (12.04.2008/19:32)

OR Soft – Industrielösungen Öl und Petrochemie (2008): Mischung von Schmierstoffen, in: http://www.raffinerieplanung.de/lube_blend.html (03.05.2008/18:45)

Optek (2008): Analyse von Naphtha Qualität in Rohöl-Destillationskolonnen, in: http://www.optek.com/images/app_CDU_Naphtha_Monitor_de.gif (14.05.2008/20:21)

Rüdiger Paschotta (2007): Rüdiger Paschotta: Wasserstoffantrieb – die Lösung für unbegrenzte Mobilität? in: http://www.energiestiftung.ch/files/downloads/energiethemen-erneuerbareenergien-weiteretechnologien/wasserstoffantrieb-e_und_u_1-07.pdf (01.06.2008/12:39)

Spiegel-Online (2008): Spiegel-Online: "Biosprit ist eine einzige Klimalüge", in: http://www.spiegel.de/politik/deutschland/0,1518,545268,00.html(25.05.2008/18:32)